U0339651

四时手账

长沙市实验小学　长沙市湖湘自然科普中心　编著

CNS | 湖南科学技术出版社

编委会名单

前 言

亲爱的朋友，现在你打开的是一本书，也是一个手账本。当你打开《四时手账》的时候，你是它的读者，更是它的创作者。

我们设计了“自然之美”“探究之美”“文化之美”“劳动之美”四个版块，并且分别提供了一个范例。这些范例是长沙市实验小学同学们的作品，他们开展了四年时间的自然学堂学习与实践，做了很多的自然笔记。我们在书中还留了很多的空白页，希望你可以观察、体验、记录并画下自己感受到的二十四节气。你可以从我们提供的这四个角度去阅读和记录自然时令，也可以有自己的创意。所以，《四时手账》是你亲自制作的一本书，就是属于你的私人定制四时手账。

在此，我们还诚挚地向你发出一份邀请，希望你在完成这本书的创作之后，可以把自己最喜欢的作品寄给我们（地址：湖南省长沙市长沙县远大三路1号P8空间研发所五楼507室。收件人:湖湘自然。收件电话：15580900256），我们将会连同一个新的手账本寄回给你哦。当然你也可以将自己的作品扫描后发给我们，我们将从中遴选一些特别优秀的作品，作为此书再版的稿件，非常期待你的作品和姓名可以出现在新版的《四时手账》中。

扫描下方公众号二维码联系我们吧！

“自然之美”范例

春水回潮——

在惊蛰时，春水回潮，又加上春雨的淋洒，天气就十分潮湿。在民间，把春水称为“桃花水”。（因为在潮来时桃花也恰好盛开）

像是一名少女立在枝头。

在立春时，玉兰就开始准备了，并在惊蛰开花，生叶。

玉兰花开——

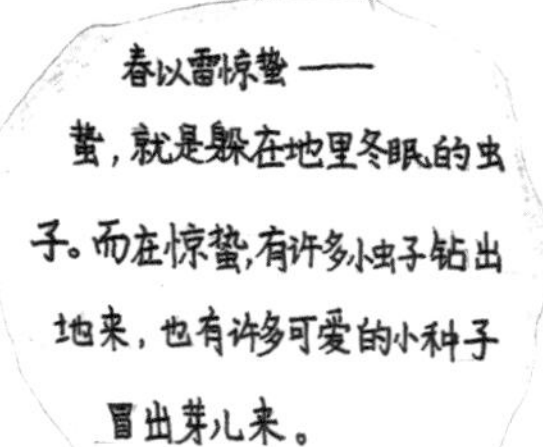

春以雷惊蛰——

蛰，就是躲在地里冬眠的虫子。而在惊蛰，有许多小虫子钻出地来，也有许多可爱的小种子冒出芽儿来。

惊蛰金玉熟——

在惊蛰时分，温暖潮湿的云南枇杷成熟，如同一颗颗金玉挂在树上。

而在少数寒冷的地方，（如长沙）枇杷并没有成熟

时间：2021年3月6日　地点：八方小区　记录人：肖清怡　天气：阴云

“桃花水”“惊蛰雷”……二十四节气有许多固定的自然现象，这是中国古代的劳动人民经过多年的观察总结出来的，你也可以继续观察，看看还有哪些和节气有关的自然现象。请用你自己喜欢的方式来呈现它。

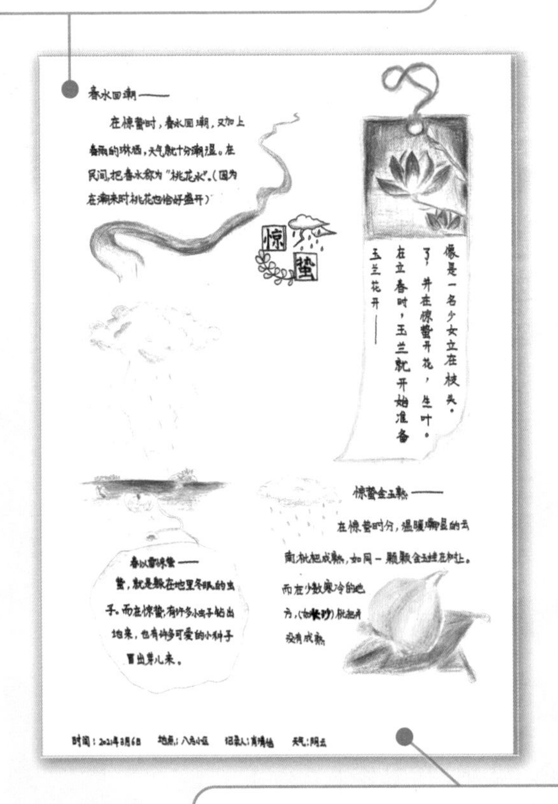

在不同的节气里，同一种植物或动物发生了什么变化呢？你可以持续地关注它，并且把你的观察记录下来。你还可以贴上自然物的照片或标本，如叶子、花瓣等。

“探究之美”范例

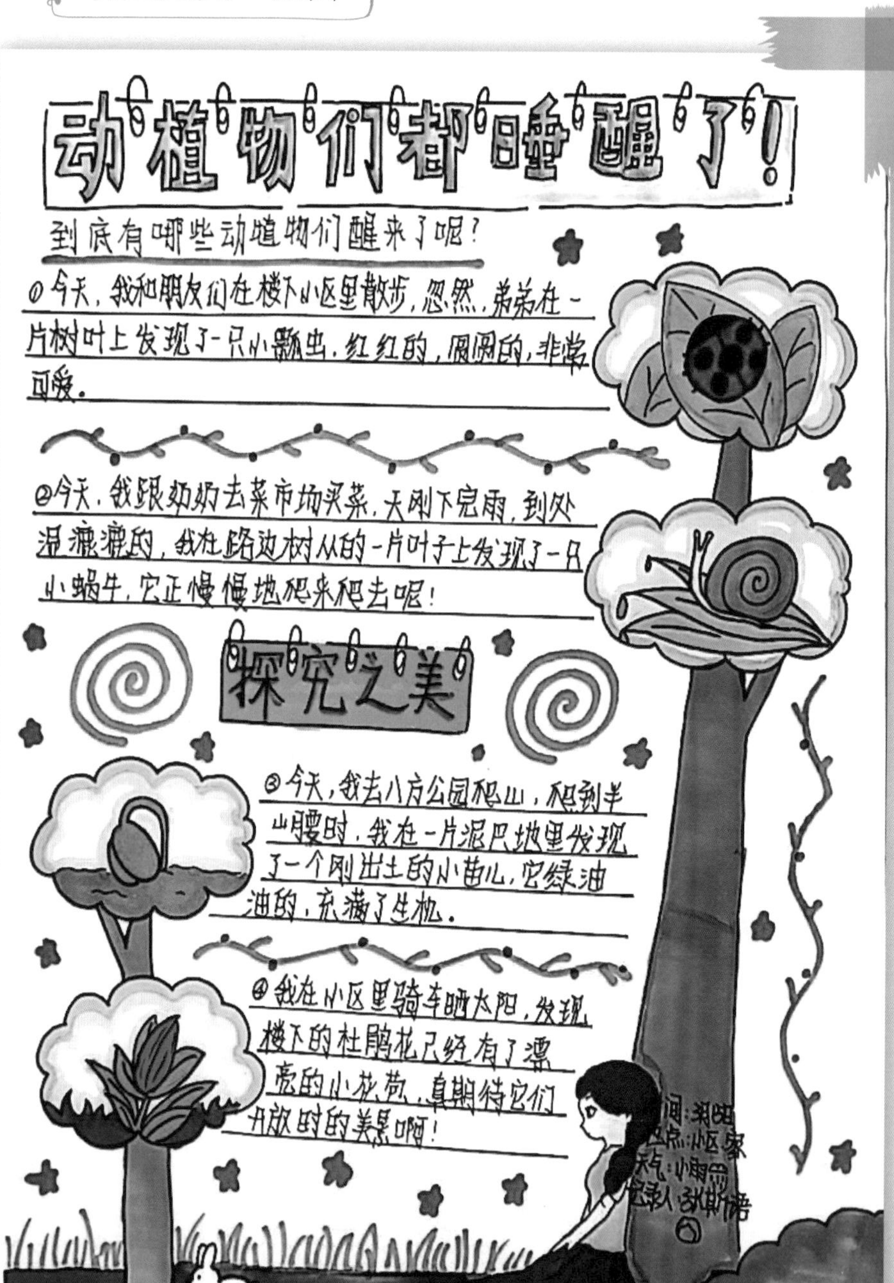
动植物们都睡醒了！
到底有哪些动植物们醒来了呢？
①今天，我和朋友们在楼下小区里散步，忽然，弟弟在一片树叶上发现了一只小瓢虫，红红的，圆圆的，非常可爱。
②今天，我跟奶奶去菜市场买菜，天刚下完雨，到处湿漉漉的，我在路边树丛的一片叶子上发现了一只小蜗牛，它正慢慢地爬来爬去呢！
探究之美
③今天，我去八方公园爬山，爬到半山腰时，我在一片泥巴地里发现了一个刚出土的小苗儿，它绿油油的，充满了生机。
④我在小区里骑车晒太阳，发现楼下的杜鹃花已经有了漂亮的小花苞，真期待它们开放时的美景啊！
地点：小区 家
天气：小雨
记录人：张斯语

在每一个节气，大自然里都会有值得我们去探究和发现的秘密。你发现了什么呢？

可以把记录中提到的动物、植物画下来，还可以直接拍照贴图。

不同的记录之间用小装饰把它们分开，版块更加清晰了！

希望你也可以经常去爬山、散步，感受阳光，发现大自然里的各种节气之美！

“文化之美”范例

惊蛰
春雷一响
惊动万物
传统节气
记录人：杨紫仪
风雅雅，
雨柔柔。
桃红梨白艳，
莺艳赏虫啾。
春雷悦耳惊天喜，
欲动云开破郁忧。
课间，我和伙伴下楼玩耍，发现校园里的桃花盛开了，一朵朵，小巧玲珑的，就像小精灵一样“坐”在树上，可漂亮了！
周末，妈妈带我去乡下，我们走在河堤上，时不时有燕子从头上飞过，稻田里，农民伯伯挥舞着锄头耕种呢！

排版时，把节气名称写得醒目一些，还可以画上背景和插图。

你还可以创作节气诗歌或小文章。

在“文化之美”这个版块，你可以摘抄一首与节气有关的古诗或者一段文章，别忘了注明作者和书名 / 文章标题哦！当然，你也可以自己创作哦！

“劳动之美”范例

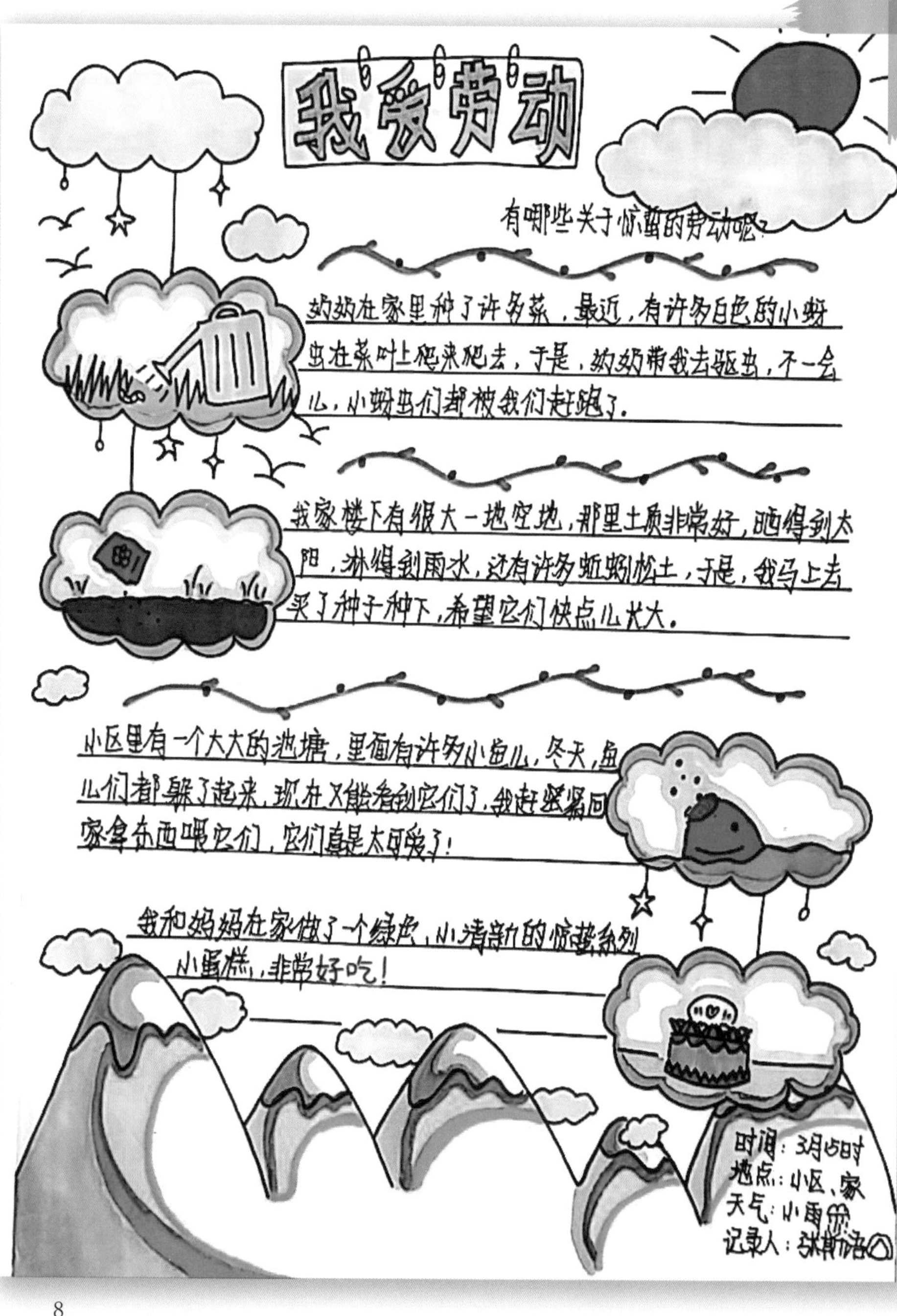

我爱劳动
有哪些关于惊蛰的劳动呢?
奶奶在家里种了许多菜，最近，有许多白色的小蚜虫在菜叶上爬来爬去，于是，奶奶带我去驱虫，不一会儿，小蚜虫们都被我们赶跑了。
我家楼下有很大一块空地，那里土质非常好，晒得到太阳，淋得到雨水，还有许多蚯蚓松土，于是，我马上去买了种子种下，希望它们快点儿长大。
小区里有一个大大的池塘，里面有许多小鱼儿，冬天，鱼儿们都躲了起来，现在又能看到它们了，我赶紧跑回家拿东西喂它们，它们真是太可爱了!
我和妈妈在家做了一个绿色、小清新的惊蛰系列小蛋糕，非常好吃!
时间：3月6日
地点：小区、家
天气：小雨
记录人：张斯语

你想给这篇记录取个什么恰当的标题呢？标题要写大一些，还可以做一点设计。

给自己的作品配上一些小插图吧！这样看起来更加美观。

别忘了写上记录的时间、地点、天气和你的姓名哦！

“劳动之美”可以记录你做的与节气相关的劳动，记录形式可以是文字，还可以配插图，或贴照片。

目录

春季要做的 50 件事

- 吃新鲜的萝卜，“咬春”
- 剪“春”字贴窗户上，迎春天
- 临摹“春”的多种古代字体(甲骨文、金文、大篆、小篆、隶书、楷书、草书、行书)
- 寻找开得最早的迎春花
- 在草丛里找到蓝色和粉色的阿拉伯婆婆纳
- 调查家乡的立春习俗
- 元宵节做汤圆
- 穿着雨衣和雨鞋踩水坑
- 在雨水节气测量当地连续七天的降雨量
- 做蒿子粑粑或鼠鞠草粑粑
- 找到有四片叶子的三叶草
- 观赏桃花、樱花、李花、梨花、杏花
- 找蟾蜍的蝌蚪（长条卵带）
- 观察蜜蜂采蜜的过程
- 收集樟树落叶，撕碎做衣物驱虫香包
- 做冰糖炖雪梨
- 喝枇杷叶煮的水
- 吃春笋
- 用枫香球煮水洗澡
- 和家人一起准备食物在草地上野餐
- 春分竖蛋
- 辨认柳树的雄花和雌花
- 观察通泉草
- 看花展
- （不摘花的情况下）吃山茶花的花蜜
- 观察蝴蝶喝水 / 吸食花蜜的样子
- 采荠菜和吃荠菜煮蛋
- 泡黄豆芽 / 绿豆芽吃
- 给茄子 / 辣椒育苗
- 做紫藤花饼、槐花饼
- 做玫瑰纯露
- 和家人一起踏青和扫墓
- 找到一个鸟巢，悄悄观察有没有鸟宝宝
- 探究人造彩虹
- 找到一只经常在同一地点出现的鸟，和它做朋友（每天打招呼）
- 找到两条腿和四条腿的蝌蚪（观察先长前腿还是后腿）
- 观察一只蜗牛，用手摸摸它爬行后留下的黏液
- 闻橘子花或柚子花的花香
- 在晴朗有风的日子放风筝
- 观察家燕的飞行姿态

春季要做的 50 件事

- 谷雨采茶叶制茶
- 种一株罗勒 / 薄荷 / 紫苏
- 调研谷雨节气的农事
- 听斑鸠“咕咕”和“咕咕咕”的叫声
- 观察并记录浮萍的叶与根的无性繁殖
- 采艾叶做防疫或驱蚊香囊
- 和家人一起点艾叶或艾条熏房间
- 写一首关于春天的诗歌
- 摘山莓
- 做金银花干花

时间______ 地点______ 记录人______ 天气

自然之美☐ 探究之美☐ 文化之美☐ 劳动之美☐

时间______ 地点______ 记录人______ 天气

自然之美☐ 探究之美☐ 文化之美☐ 劳动之美☐

时间______ 地点______ 记录人______ 天气

自然之美☐ 探究之美☐ 文化之美☐ 劳动之美☐

时间______ 地点______ 记录人______ 天气

自然之美□ 探究之美□ 文化之美□ 劳动之美□

时间______ 地点______ 记录人______ 天气

自然之美☐ 探究之美☐ 文化之美☐ 劳动之美☐

深山含笑

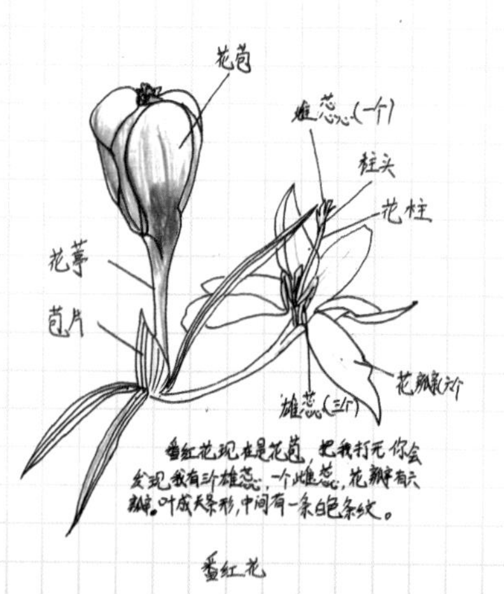
花苞
雌蕊(一个)
柱头
花柱
花葶
苞片
花瓣(六个)
雄蕊(三个)
番红花现在是花苞，把我打开你会发现我有三个雄蕊、一个雌蕊，花瓣有六瓣。叶成长条形，中间有一条白色条纹。
番红花

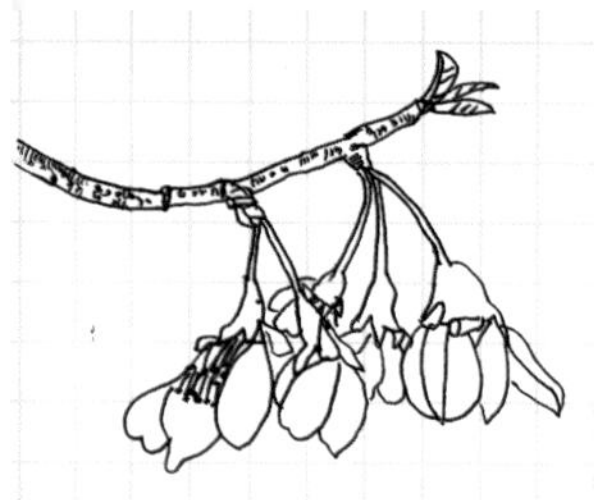

樱花朝下：花gěn太长，不能向上，向上以后，雨水打落花粉。

桃花有五瓣花瓣，它是蔷薇
科植物，它是花叶一起长，树杆上
有桃jiāng，能帮它愈合伤口！

雌蕊(三个)
总苞
鸡冠状附属物
蝴蝶基部是平的。
花瓣有六片
有鸡冠状附
属物。花枝上
有总苞，雌
蕊下有雄蕊

浮萍
浮萍科

芍药·毛茛科

夏季要做的 50 件事

- 立夏称体重
- 夜观青蛙 / 蟾蜍
- 用纸折一只蛙
- 在水塘边观察蜻蜓幼虫羽化
- 临摹“夏”的多种古代字体
- 煮蚕豆饭
- 调查菜园里的蔬菜
- 找到蚯蚓粪
- 观察樱花树的果实
- 摘蓬藥
- 种黄瓜秧苗并搭瓜架
- 清除外来物种（小飞蓬、福寿螺）
- 给水稻育苗
- 调研小满节气的农事
- 在家人陪同下抓鱼
- 做冰糖绿豆汤
- 做薄荷茶叶
- 做凉拌黄瓜
- 辨认和模仿身边三种小鸟邻居的叫声
- 做冰糖银耳莲子汤
- 做栀子花天妇罗
- 做一个驱蚊的薄荷纯露
- 调研芒种前后适合种植的作物
- 观察螳螂
- 捡蝉蜕
- 听蝉“唱歌”
- 做酸梅汤
- 绘制消暑扇
- 做夏至面
- 做西瓜糖
- 和家人一起做咸鸭蛋
- 和家人一起包粽子
- 摘艾草菖蒲
- 做驱蚊香囊
- 做凉茶
- 给水稻插秧
- 观赏荷花
- 摘莲蓬 / 吃新鲜莲子
- 和家人一起散步欣赏晚霞
- 在晴朗的日子晒冬衣冬被
- 打扫房间整理书柜
- 喝甜米酒
- 做桃子杨梅酱
- 做“三伏贴”
- 在午后静听大雨滂沱
- 做泡生姜
- 喝老鸭汤
- 和家人一起夜游赏月
- 辨认蟋蟀、纺织娘
- 制作手工蓝染 T 恤和裤子

时间______ 地点______ 记录人______ 天气

自然之美 ☐ 探究之美 ☐ 文化之美 ☐ 劳动之美 ☐

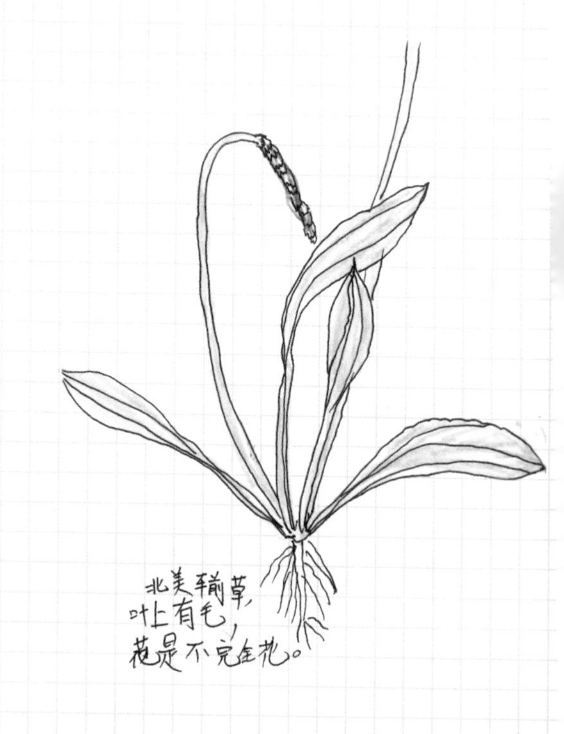

时间______ 地点______ 记录人______ 天气

自然之美☐ 探究之美☐ 文化之美☐ 劳动之美☐

时间______ 地点______ 记录人______ 天气

自然之美☐ 探究之美☐ 文化之美☐ 劳动之美☐

时间________ 地点________ 记录人________ 天气

自然之美 □ 探究之美 □ 文化之美 □ 劳动之美 □

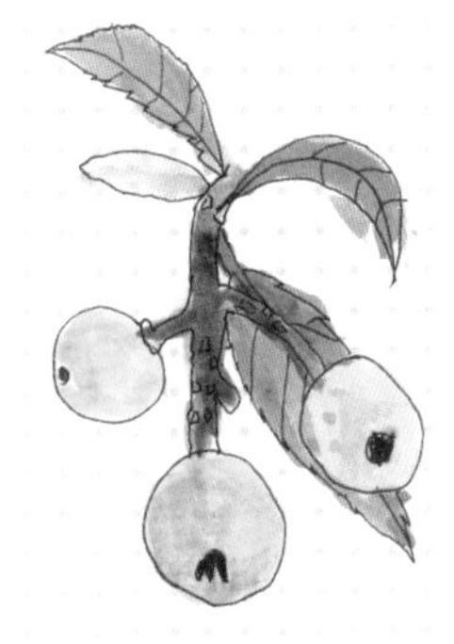

时间______ 地点______ 记录人______ 天气

自然之美☐ 探究之美☐ 文化之美☐ 劳动之美☐

时间______ 地点______ 记录人______ 天气

自然之美 □ 探究之美 □ 文化之美 □ 劳动之美 □

叶子边缘有
小小的锯齿，
叶子细长细长的。
桃子果实还
没有成熟！
桃
蔷薇科

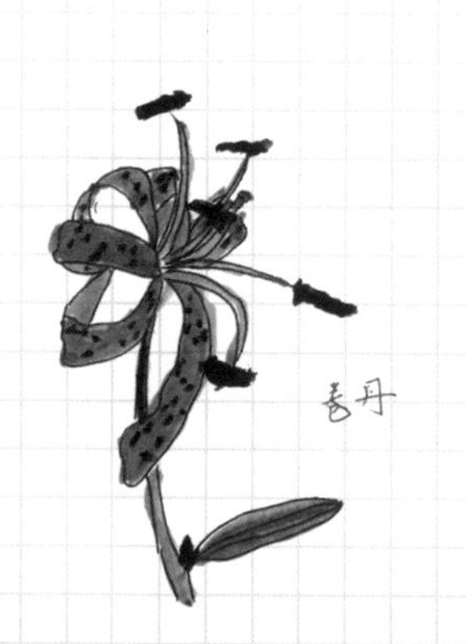
卷丹

绣球有四片大大的萼片，有人以为是花瓣。正真的花瓣是里面小的，也有四瓣。雄蕊[illegible]个，雌蕊1个。

杨梅，分为雄雌株，很多杨梅都是嫁接的，叶没毛，果可以做杨梅酒。

杨梅 · 杨梅科

小金龟子

秋季要做的 50 件事

- 在家人陪同下安全地玩水
- 临摹“秋”的多种古代字体
- 收集清晨的露水
- 给稻田除草
- 立秋称体重
- 吃西瓜或茄子“啃秋”
- 做凉面
- 观察蜻蜓的变化
- 观察紫薇树
- 晒秋并制作成食物
- 吃莲藕炖汤
- 和家人一起祭祖
- 手工编织
- 做薜荔凉粉
- 观察红花石蒜
- 喝枇杷雪梨汤
- 收集落叶做堆肥
- 种植萝卜 / 大白菜种子
- 酿桂花酒
- 种土豆
- 观察野大豆
- 观察红枫树和鸡爪槭树
- 观察柚子树
- 收割水稻打谷晒谷
- 制作稻草人
- 给苎麻打麻
- 赏桂花
- 赏中秋月圆
- 做南瓜饼
- 做柚子蜂蜜茶
- 和家人一起准备食物在草地上野餐
- 用蔬菜做拓印画
- 赏菊花
- 泡菊花枸杞茶
- 和家人一起爬山
- 觅秋茶
- 吃螃蟹
- 捡栗子
- 收集落叶做拼贴画
- 收集落叶做“曼陀罗花”
- 做南瓜糖
- 做昆虫标本
- 做“自然的声音盒子”
- 观赏银杏叶
- 观察栾树的果实
- 调查植物传播种子的方式
- 和家人一起看夕阳落下，群鸟归巢
- 选择身边熟悉的一种树，观察它的变化
- 拔萝卜
- 挖红薯

时间______ 地点______ 记录人______ 天气

自然之美☐ 探究之美☐ 文化之美☐ 劳动之美☐

时间______ 地点______ 记录人______ 天气

自然之美 ☐ 探究之美 ☐ 文化之美 ☐ 劳动之美 ☐

时间______ 地点______ 记录人______ 天气

自然之美□ 探究之美□ 文化之美□ 劳动之美□

时间______ 地点______ 记录人______ 天气

自然之美 ☐ 探究之美 ☐ 文化之美 ☐ 劳动之美 ☐

梧桐叶

马缨丹

黑头奇鹛

螳螂蜕皮

茑萝
旋花科

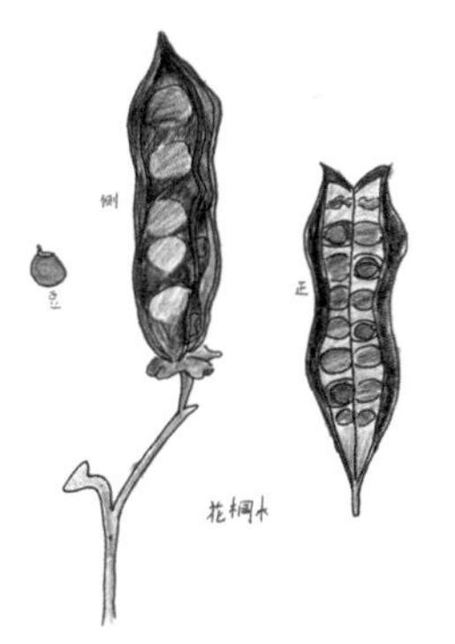
侧
正
花榈木

冬季要做的 50 件事

- 临摹“冬”的多种古代字体
- 用薄荷叶煮水洗澡
- 做腐乳
- 编织地毯
- 收集无患子做洗衣液
- 做种子画
- 做落叶帽子
- 做落叶面具
- 煮艾叶水泡脚
- 腌制酸萝卜
- 做梅干菜
- 做五谷杂粮饭
- 腌制皮蛋
- 打糍粑
- 制作种子滴胶艺术品
- 调查植物过冬的方式
- 制作鸟类投食器
- 做姜黄植物染
- 腌制腊肉
- 腌咸菜
- 自制“九九消寒图”
- 和朋友互相赠送自然礼物
- 包饺子
- 收集雪松树枝做新年花环
- 用蜡梅插花
- 观察三种不同颜色的梅花
- 种一盆水仙花
- 观察植物过冬的芽（枝芽、叶芽或花芽）
- 做陈皮
- 做小橘灯
- 做糖炒栗子
- 做糖板栗罐头
- 做烤红薯
- 和家人一起吃火锅
- 麻 / 棉 / 羊毛线编织（二手物品创作）
- 赏雪，玩雪
- 画雪景图
- 做蛋饺
- 做豆腐、豆花
- 做八宝饭
- 做腊八粥
- 吃羊肉
- 泡温泉
- 调查家乡过春节的习俗
- 剪窗花贴春联
- 和家人一起买年货
- 和家人一起做大扫除
- 用红色自然物做红包
- 收集各种含笑的种子
- 用树叶拓印写新年“福”字

时间______ 地点______ 记录人______ 天气

自然之美□ 探究之美□ 文化之美□ 劳动之美□

时间______ 地点______ 记录人______ 天气

自然之美☐ 探究之美☐ 文化之美☐ 劳动之美☐

时间______ 地点______ 记录人______ 天气

自然之美☐ 探究之美☐ 文化之美☐ 劳动之美☐

时间______ 地点______ 记录人______ 天气

自然之美 □ 探究之美 □ 文化之美 □ 劳动之美 □

梅花

无刺枸骨
叶尖有点刺人
果实很红，里面有4颗种子。
果实长在叶腋上
有点像苹果，有苹果的香味。
叶子是互生的，叶脉也是互生的。
叶子很硬

花名：山茶花

气味：淡的清香

我们院子里种了很多麦冬。叶子细长细长的，像韭菜。果子深蓝色，亮亮的，还戴着一顶小帽子，像迷你西红柿，也有一点像常山的果子。剥开薄薄的果皮，里面是硬硬的，半透明的，像桂圆一样。

麦冬旁边还种了吉祥草，叶子比麦冬的宽，果子比麦冬的大，并且是红色的。

吉祥草

花间一只鸟，
身披大红袄，

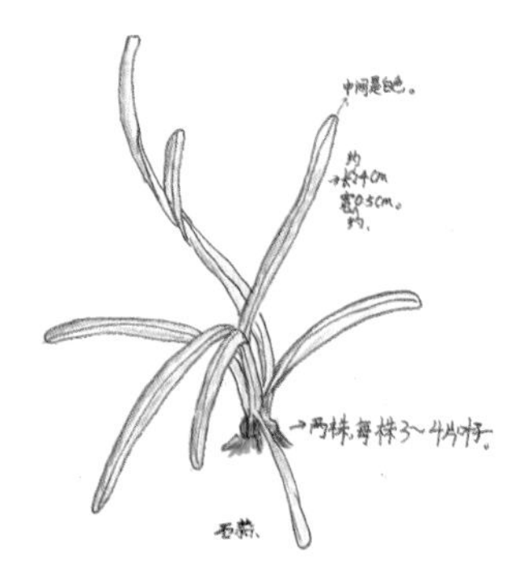
中间是白色。
约
长24cm
宽0.5cm。
约。
两株，每株3~4片叶子。
石蒜、

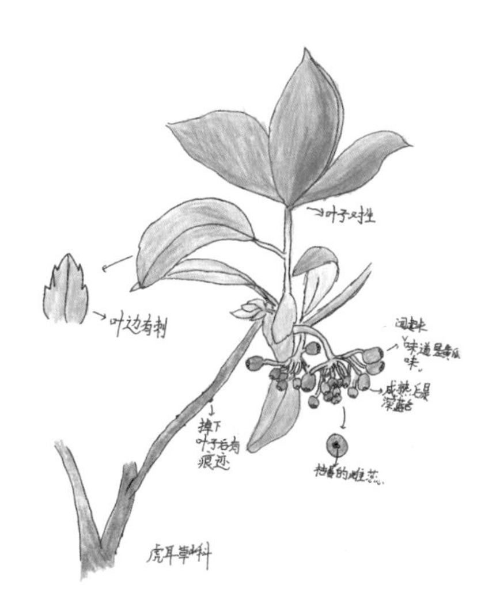
叶子对生
叶边有刺
成熟后是深蓝色
掉下叶子后有痕迹
虎耳草科

松塔

芙蓉花

图书在版编目（CIP）数据

四时手账 / 长沙市实验小学，长沙市湖湘自然科普中心编著. 一长沙：湖南科学技术出版社，2021.8
ISBN 978-7-5710-1160-4

Ⅰ. ①四… Ⅱ. ①长… ②长… Ⅲ. ①本册 ②二十四节气—少儿读物 Ⅳ. ① TS951.5 ② P462-49

中国版本图书馆 CIP 数据核字 (2021) 第 163626 号

四时手账
SISHI SHOUZHANG

编　　著：长沙市实验小学
　　　　　长沙市湖湘自然科普中心
责任编辑：杨　旻　周　洋　李　霞
整体设计：周　洋
责任美编：刘　谊
出版发行：湖南科学技术出版社
社　　址：长沙市芙蓉中路一段 416 号泊富国际金融中心
网　　址：http://www.hnstp.com
湖南科学技术出版社天猫旗舰店网址：
http://hnkjcbs.tmall.com
邮购联系：本社直销科 0731-84375808
印　　刷：长沙市雅高彩印有限公司
　　　　　（印装质量问题请直接与本厂联系）
厂　　址：长沙市开福区中青路 1255 号
邮　　编：410153
版　　次：2021 年 8 月第 1 版
印　　次：2021 年 8 月第 1 次印刷
开　　本：880mm×1230mm 1/32
印　　张：4
字　　数：50 千字
书　　号：ISBN 978-7-5710-1160-4
定　　价：32.80 元